I
30

TITRES

ET

TRAVAUX SCIENTIFIQUES

DU

Dʳ FÉLIX BRUN

AGRÉGÉ A LA FACULTÉ DE MÉDECINE
CHIRURGIEN DE L'HÔPITAL DES ENFANTS MALADES

PARIS

GEORGES CARRÉ ET C. NAUD, ÉDITEURS

3, RUE RACINE, 3

—

1901

TITRES

ET

TRAVAUX SCIENTIFIQUES

DU

Dᵣ FÉLIX BRUN

AGRÉGÉ A LA FACULTÉ DE MÉDECINE,

CHIRURGIEN DE L'HÔPITAL DES ENFANTS MALADES

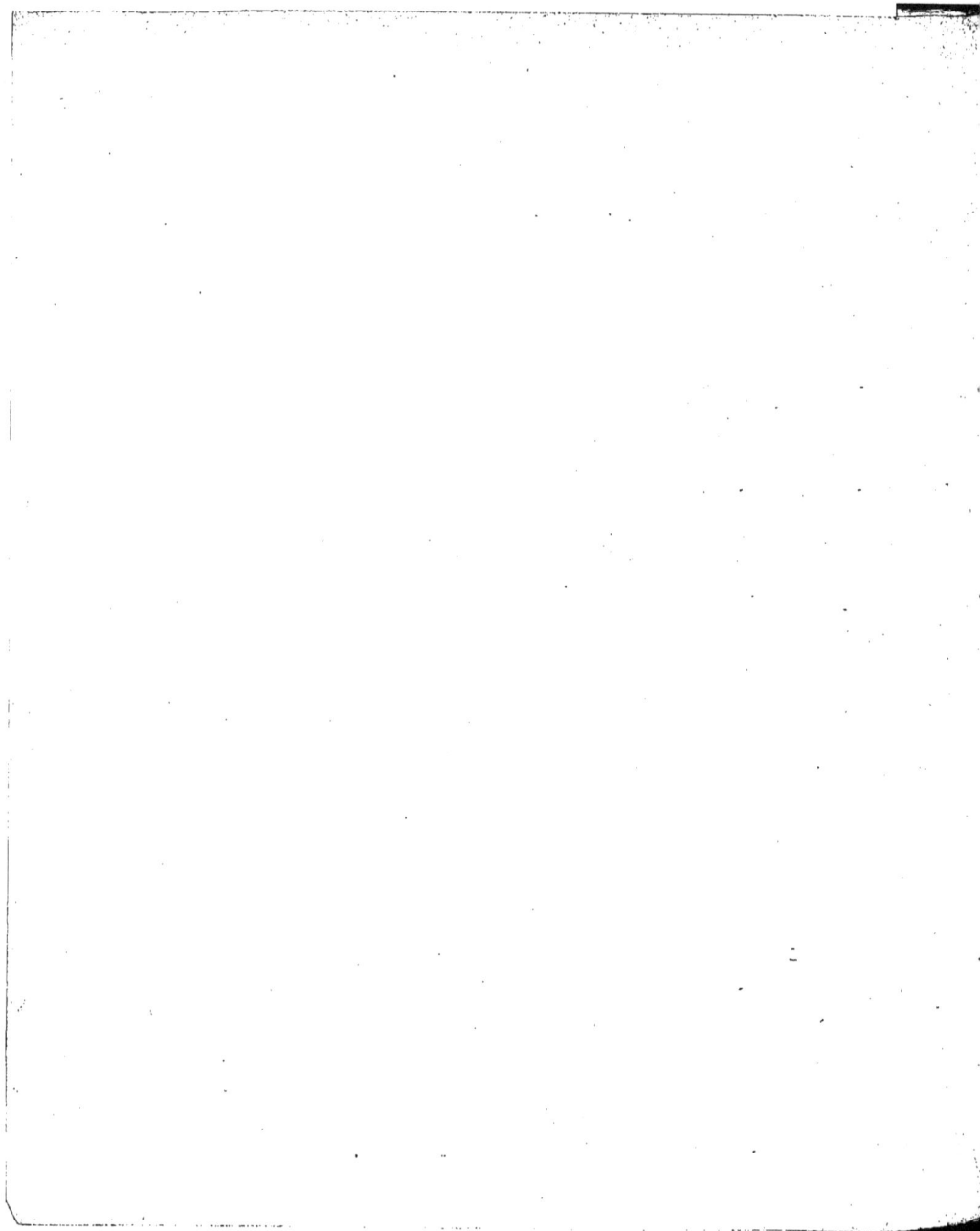

TITRES

ET

TRAVAUX SCIENTIFIQUES

DU

D' FÉLIX BRUN

AGRÉGÉ A LA FACULTÉ DE MÉDECINE
CHIRURGIEN DE L'HÔPITAL DES ENFANTS MALADES

PARIS

GEORGES CARRÉ ET C. NAUD, ÉDITEURS

3, RUE RACINE, 3

—

1901

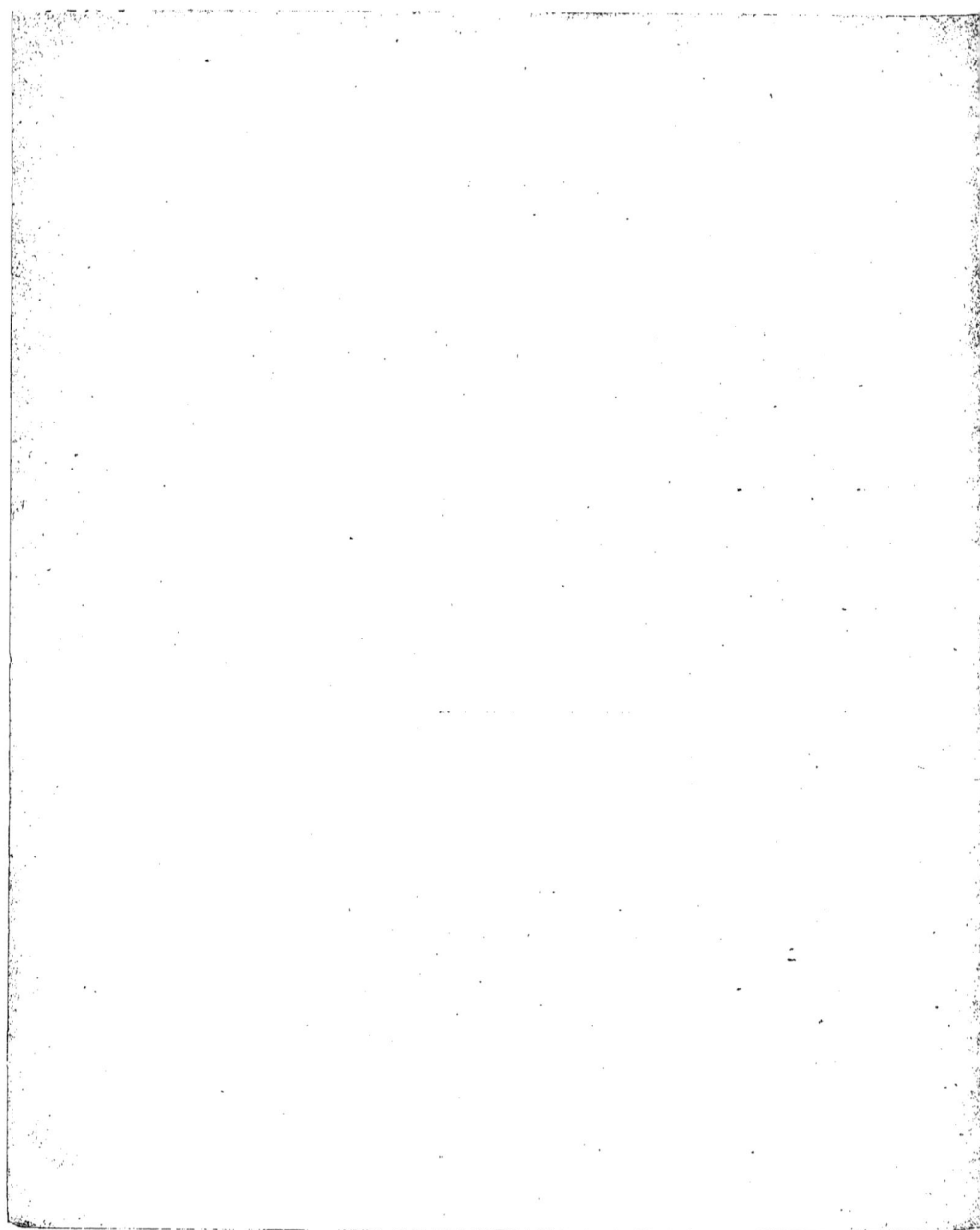

＋ 1905

TITRES SCIENTIFIQUES

Externe des Hôpitaux (1874).
Interne provisoire des Hôpitaux (1875).
Interne des Hôpitaux (1876).
Aide d'anatomie de la Faculté de Médecine (1878).
Prosecteur de la Faculté de Médecine (1880).
Docteur en Médecine (1881).
Lauréat de la Faculté de Médecine. (*Médaille de bronze. Thèse*, 1881).
Chirurgien des Hôpitaux (1885).
Chirurgien de l'hôpital des Enfants-Malades (1894).
Agrégé de la Faculté (1886).
Membre de la Société anatomique.
Membre de la Société de Chirurgie.
Membre de la Société d'Obstétrique, de Gynécologie et de Pédiatrie.
Membre fondateur de la Société de Pédiatrie.
Membre du Comité de Direction scientifique de *La Presse médicale* et
des *Archives de Médecine des Enfants*.
Membre du Conseil de Surveillance de l'Assistance publique.

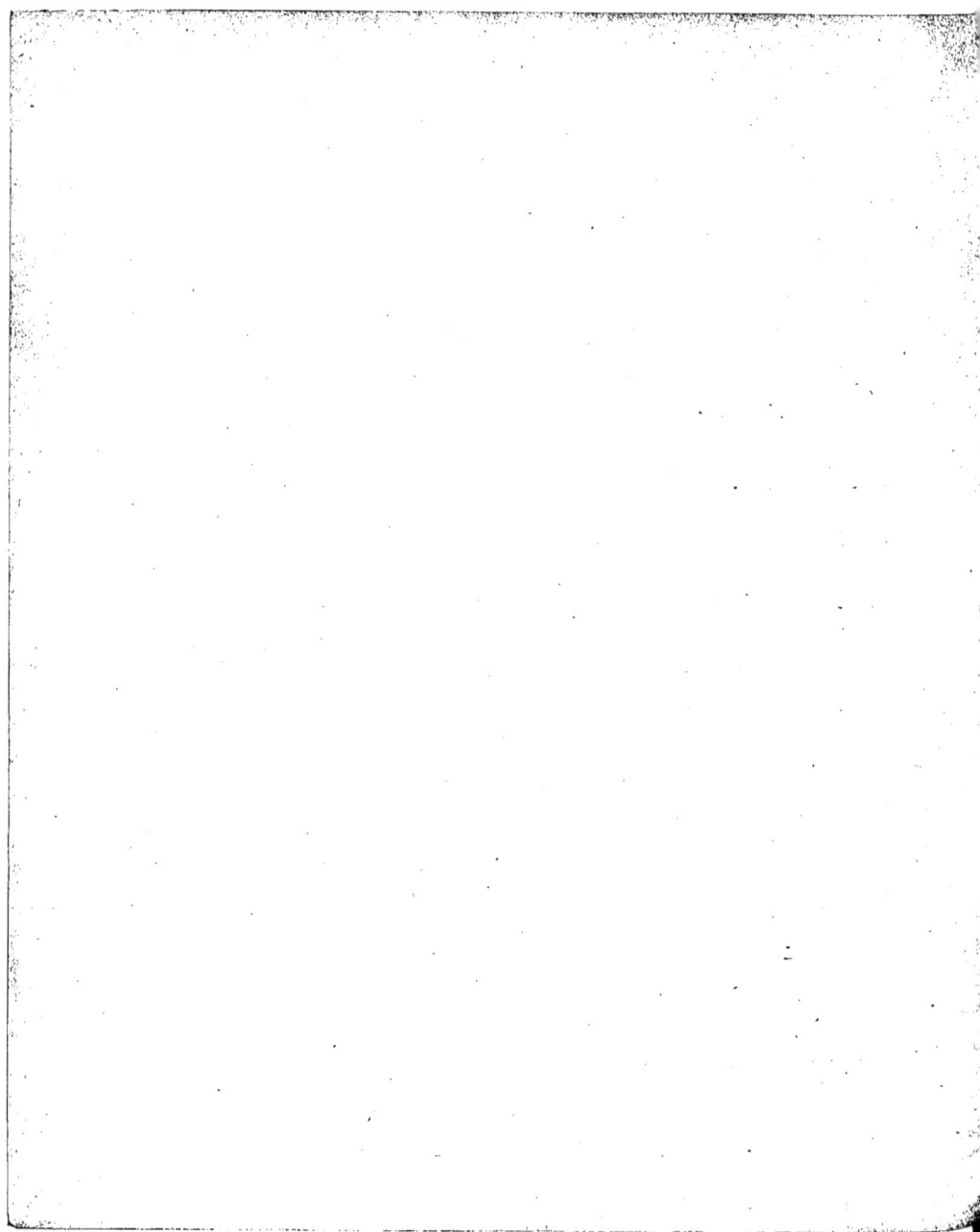

TRAVAUX SCIENTIFIQUES

CHIRURGIE GÉNÉRALE

CHIRURGIE INFANTILE

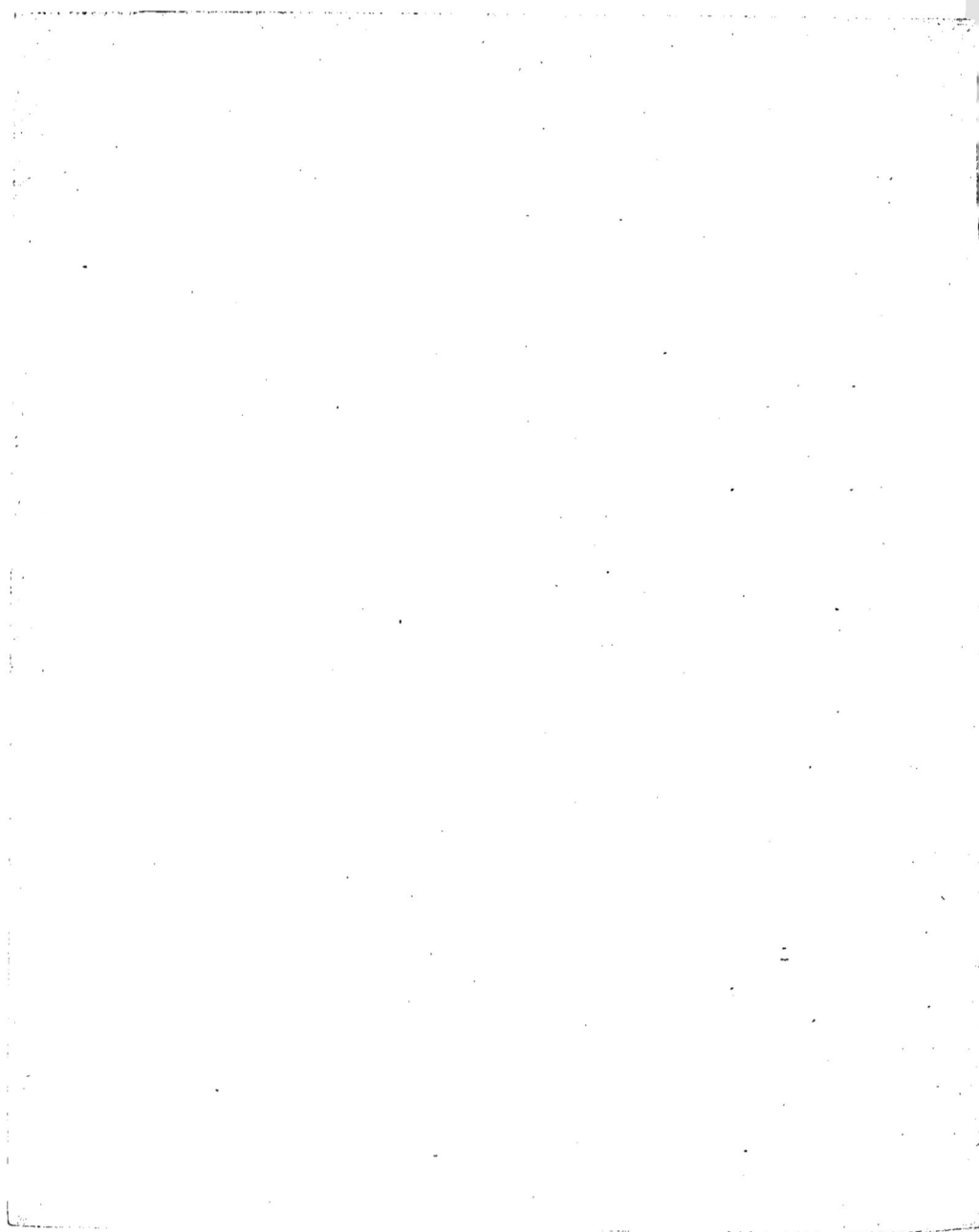

CHIRURGIE GÉNÉRALE

De la phlébite et de la lymphangite utérine.

(*Revue mensuelle de médecine et de chirurgie*, 1879, p. 985.)

Dans cette Revue je me suis attaché à mettre en relief le rôle important joué par la phlébite et la lymphangite utérine dans le développement des accidents puerpéraux.

Forme particulière et encore imparfaitement décrite d'arthrite blennorrhagique.
(En collaboration avec le professeur S. DUPLAY).

(*Archives générales de médecine*, 1881, vol. I, p. 541).

J'ai décrit dans ce Mémoire en collaboration avec le professeur Duplay une forme des complications articulaires de la blennorrhagie qui malgré sa fréquence avait jusque-là passé inaperçue.

En raison de sa rapidité d'évolution et de l'intensité de ses phénomènes réactionnels, elle avait été avant nous confondue avec les arthrites traumatiques.

J'ai établi par de nombreuses observations indiscutables le lien étroit qui l'unissait à la blennorragie en même temps que j'ai fixé son meilleur mode de traitement, l'immobilisation.

2

De l'arthrite aiguë d'origine blennorrhagique.

(Thèse de doctorat. Paris, 1881.)

L'arthrite aiguë blennorrhagique dont j'avais ébauché l'histoire dans un mémoire précédent a été étudié par moi d'une façon complète dans ma thèse inaugurale. Contrairement à l'opinion qui avait cours à cette époque, j'ai montré son assez grande fréquence non seulement chez l'homme, mais aussi chez la femme, alors que tous les auteurs, à l'exemple de Fournier, allaient jusqu'à mettre en doute son existence chez cette dernière. J'en ai donné un tableau symptomatique détaillé et insisté longuement sur le degré d'acuité extrême que revêtaient quelquefois ses manifestations douloureuses et inflammatoires, qui la faisaient alors ressembler à s'y méprendre à l'arthrite traumatique la plus violente. J'ai insisté enfin sur sa tendance destructive et sa tendance à l'ankylose et mis en relief par contraste la rapidité avec laquelle l'immobilisation soigneuse enrayait favorablement cette évolution parfois inquiétante. Cette description alors nouvelle est aujourd'hui considérée comme classique. Je m'étais basé, pour l'établir, sur l'étude de vingt observations recueillies en un an dans un seul service de chirurgie, ce qui peut donner une idée de la fréquence réelle de cette affection.

De l'intervention chirurgicale dans quelques affections des voies biliaires.

(*Archives générales de Médecine*, 1886, vol. I, p. 200.)

J'ai étudié dans ce mémoire les différentes opérations qui venaient d'être proposées dans le traitement des affections des voies biliaires.

J'ai surtout insisté sur les indications réciproques de la cholécystotomie, de la cholécystectomie et de la cholécystentérostomie. Ces opérations aujourd'hui couramment pratiquées en France, n'étaient alors connues que par quelques opérations faites à l'étranger.

Des accidents imputables à l'emploi chirurgical des antiseptiques.

(Thèse d'agrégation. Paris, 1886.)

Au moment où j'ai dû écrire ma thèse d'agrégation sur les accidents imputables à l'emploi chirurgical des antiseptiques, aucun travail d'ensemble n'avait
encore été publié en France sur ce sujet. L'existence de ces accidents était
même fortement contestée par la plupart de nos maîtres et je dus, pour me
faire une opinion à ce sujet, me reporter aux travaux parus à l'étranger, en
particulier en Angleterre et en Allemagne.

J'ai analysé avec soin les nombreuses observations qui avaient été le point
de départ des accusations portées contre l'acide phénique, l'iodoforme et le
sublimé. Bien que j'en aie éliminé un certain nombre qui ne présentaient pas
des garanties d'exactitude suffisante, je fus amené cependant à reconnaître
que beaucoup de ces observations démontraient, au moins dans certains cas,
les dangers des antiseptiques.

Dans autant de chapitres séparés, j'ai décrit les accidents imputables à
l'acide phénique, à l'iodoforme, au sublimé, m'attachant surtout à mettre en
relief les causes adjuvantes d'intoxication. Les descriptions que j'ai données à
cette époque sont aujourd'hui classiques.

Article « Pénis » du Dictionnaire encyclopédique des Sciences médicales
(En collaboration avec le Dr Ch. Monod).

(Paris, Masson et Asselin, éditeurs.)

L'article que j'ai consacré au pénis dans le Dictionnaire encyclopédique
des Sciences médicales est un travail complet envisageant le pénis au point
de vue du développement embryonnaire, de l'anatomie et de la pathologie.
On y trouve décrites les différentes lésions dont le pénis peut être atteint :
vices de conformation; lésions traumatiques, lésions inflammatoires aiguës
ou chroniques, lésions organiques. Cet article se termine par la description
des principaux procédés opératoires utilisés pour l'ablation de cet organe
dans les cas de cancer et par l'étude des moyens employés pour remédier
aux vices de conformation.

Cas rare de hernie inguinale interstitielle étranglée derrière le testicule arrêté à l'anneau.

(*Gazette des hôpitaux*, 1877, n° 42, p. 331.)

Cette observation relate un exemple curieux d'une variété rare de hernie inguinale. Elle montre la gravité de l'étranglement dans ces cas particuliers et la nécessité d'y remédier par une intervention aussi précoce que possible.

Greffes dermo-épidermiques.

(*Bulletins et Mémoires de la Société de Chirurgie*, 1889, p. 777.)

A propos d'une discussion sur les différents procédés de greffe, j'ai mentionné les heureux résultats que j'avais obtenus avec la transplantation cutanée par le procédé de Lefort dans le traitement des ectropions cicatriciels. J'ai continué depuis à avoir recours à ce procédé de greffe et je n'ai pas cessé d'en être satisfait.

Cystite douloureuse chronique compliquée d'uretéro-pyélite ascendante unilatérale, colpocystostomie et néphrectomie secondaire. Guérison.

(*Bulletins et Mémoires de la Société de Chirurgie de Paris*, 1890, p. 188 et 214.)

Cette observation est un exemple remarquable de ce que peut parfois la chirurgie dans des cas en apparence désespérés. Il s'agissait d'une malheureuse femme qui, à la suite de couches, présentait les signes de la cystite douloureuse la plus intense. Les douleurs étaient vives et ses envies d'uriner étaient telles qu'elle passait son existence, sans sommeil, accroupie sur un vase. La colpocystostomie vint à bout après plusieurs mois de cette cystite si intense ; mais le rein droit ayant été infecté secondairement, il était à craindre, si on refermait la fistule vésicale, de voir la vessie se réinfecter à son tour. C'est alors que je me décidai à pratiquer la néphrectomie qui, malgré les grandes difficultés qu'elle présenta, fut suivi d'un résultat parfait et durable.

Fistule urinaire consécutive à une néphrotomie. Guérison.
(Rapport sur une observation de M. Tuffier.)

(*Bulletins et Mémoires de la Société de Chirurgie*, 1890, p. 44.)

Anesthésie par la méthode d'Aubert.

(*Bulletins et Mémoires de la Société de Chirurgie de Paris*, 1890. p. 555.)

A propos d'une discussion sur la valeur des différents anesthésiques, j'ai mentionné les résultats satisfaisants que j'avais obtenus de l'emploi de l'atropomorphine en injections sous-cutanées précédant la chloroformisation.

Rupture ancienne de l'urèthre, fistules urinaires, cathétérisme rétrograde avec uréthrotomie externe. Guérison.
(Rapport sur une communication de M. Boursier, de Bordeaux.)

(*Bulletins et Mémoires de la Société de Chirurgie de Paris*, 1890, p. 796.)

Fracture spontanée de l'humérus consécutive à une ostéomyélite.

(*Bulletins de la Société clinique de Paris*, 1878, 25 avril, p. 121.)

Kyste du cordon spermatique. Pathogénie. Diagnostic.
(Leçon de V. Trélat recueillie par F. Brun.)

(*Le Progrès médical*, 1878, 23 novembre, n° 47, p. 893.)

Persistance des accidents après la réduction des hernies étranglées.
(Leçon de V. Trélat recueillie par F. Brun.)

(*Le Progrès médical*, 1879, 15 mars, n° 11, p. 197.)

Écrasement de la jambe gauche. Amputation de cuisse.
Mort 9 moisaprès d'infection purulente. Pas d'atrophie
des circonvolutions cérébrales.

(*Bulletins et Mémoires de la Société anatomique de Paris*, 1877, mars, p. 184.)

Cancer latent de l'estomac. Cancer de la colonne vertébrale .

(*Bulletins et Mémoires de la Société anatomique de Paris*, 1877, mai, p. 365.)

Cette observation a fait l'objet d'un rapport important de Quenu à l'appui de ma candidature, au titre de membre adjoint de la Société anatomique.

Myxome du testicule diagnostiqué hématocèle vaginale.

(*Bulletins et Mémoires de la Société anatomique de Paris*, 1878, 13 décembre, p. 523.)

Cette observation est un exemple rare des difficultés que l'on peut rencontrer dans le diagnostic des tumeurs testiculaires.

Résection articulaire pour orteil en marteau.

(*Bulletins et Mémoires de la Société de Chirurgie de Paris*, 1888, p. 353.)

Mon observation tend à démontrer la valeur de la résection dans le traitement de l'orteil en marteau. Ce fut aussi l'opinion formulée par le professeur Terrier dans le rapport qu'il fit à ce sujet.

Deux cas d'anévrysmes poplités guéris par la ligature antiseptique de
la fémorale après insuccès de la méthode de Reid.

(*Bulletins et Mémoires de la Société de Chirurgie de Paris*, 1888, p. 990.)

J'ai montré, dans ce mémoire, la valeur de la ligature antiseptique dans le traitement des anévrysmes des gros troncs artériels. J'ai signalé la rareté dans ces cas des inflammations et des gangrènes du sac si fréquentes autrefois et insisté sur ce fait qu'il ne s'agissait probablement là que d'acccidents séptiques propagés de la plaie de la ligature au sac et non pas de troubles circulatoires provoqués par l'interruption du courant sanguin. Cette opinion n'est plus aujourd'hui contestée.

Pyélonéphrite suppurée par oblitération calculeuse probable de l'urèthre, néphrotomie, fistule urinaire persistante, néphrectomie secondaire. Guérison.

(*Bulletins et Mémoires de la Société de Chirurgie de Paris*, 1888, p. 120.)

Intéressante en elle-même, par la rareté, à cette époque, de l'opération à laquelle elle avait donné lieu, cette observation mérite en outre d'être rappelée en raison du complément que je puis y apporter. La jeune femme, à laquelle j'ai extirpé le rein en 1887, a, depuis, été deux fois enceinte et a nourri ses deux enfants, sans que le fonctionnement de son rein unique en ait été, à aucun moment, troublé. Elle est aujourd'hui encore en parfaite santé. C'est un exemple curieux de résultat favorable éloigné à la suite de la néphrectomie.

Péritonite purulente généralisée. Laparotomie. Guérison.
Discussion sur une observation de M. Malapert.

(*Bulletins et Mémoires de la Société de chirurgie*, 1897, mars, p. 226.)

J'ai, dans cette discussion, critiqué la manière de voir de mes collègues Richelot et Reynier qui considéraient la péritonite dont Malapert avait rapporté l'histoire comme de nature tuberculeuse ; j'ai fait remarquer que rien dans le tableau clinique qui nous avait été donné ne rappelait cette affection tandis qu'il reproduisait au contraire, admirablement, l'ensemble des phénomènes que nous sommes habitués à rencontrer dans la péritonite à pneumocoques.

Trépanation pour un abcès cérébral consécutif à des lésions de l'oreille moyenne.

(Bulletins et Mémoires de la Société de Chirurgie, 1897, janvier, p. 84.)

A propos d'une observation rapportée par notre collègue Reynier et relative à un abcès cérébral d'origine otique, j'ai insisté sur ce fait que, dans ce cas comme dans la plupart de ceux qui s'observent dans ces conditions, en trépanant dans la région mastoïdienne et en défonçant, après coup, la voûte de l'aditus, on aurait suivi la voie la plus simple et la plus courte pour arriver au foyer de l'abcès.

Les complications intra-craniennes des otites.
Discussion.

(Bulletins et Mémoires de la Société de Chirurgie, 1896, 4 novembre, p. 681.)

Dans la discussion soulevée par notre collègue Broca sur les complications intra-craniennes des otites, j'ai rapporté un certain nombre d'observations personnelles démontrant, jusqu'à l'évidence, que la mort était souvent la terminaison brusque et inattendue d'une otorrhée ancienne mal soignée, ou négligée en raison de son peu d'importance. Dans la seconde partie de sa communication, Broca s'était surtout attaché à démontrer que le meilleur procédé opératoire à mettre en œuvre, pour aborder le sinus, le cerveau ou le cervelet, consistait à se servir de la voie déjà ouverte par la trépanation de l'apophyse et de la caisse. J'ai confirmé son opinion au sujet de l'ouverture du sinus. Pour l'ouverture des abcès du lobe temporo-sphénoïdal, la voie mastoïdienne m'a paru également préférable à toute autre ; elle est facile et permet d'explorer avant d'ouvrir la dure-mère la face supérieure du rocher. J'ai fait quelques réserves au sujet de l'ouverture des abcès cérébelleux ; en trépanant en avant et en dedans du sinus, on ne peut en effet, me semble-t-il, agir que sur une partie bien restreinte du lobe cérébelleux, et, jusqu'à plus ample informé, je serai porté à trépaner de préférence sur le milieu de la ligne mastoïdo-protubérantielle.

Intoxication par l'acide picrique dans le traitement des brûlures.

(*Bulletins et Mémoires de la Société de Chirurgie,* 1898, janvier, p. 31.)

Dans une discussion soulevée par un rapport de notre collègue Walther, j'ai signalé les dangers de l'acide picrique dans le traitement des brûlures chez l'enfant ; j'ai cité l'observation d'un enfant, atteint de brûlure du pied au deuxième degré, auquel on avait trempé le pied dans une solution d'acide picrique à 5 % et qu'on avait enveloppé de compresses humides imbibées de la même solution. Dès le deuxième jour, l'enfant était abattu, il était devenu jaune, non seulement sur les points touchés par l'acide picrique mais sur le reste du corps; les conjonctives étaient jaunes. Cet enfant succomba très rapidement avec de la diarrhée et des phénomènes d'intoxication.

Péritonite tuberculeuse à début brusque simulant l'occlusion intestinale ou l'appendicite.

(*Bulletins et Mémoires de la Société de Chirurgie,* 1898, novembre, p. 1037.)

Dans sa communication, notre collègue Lejars a voulu surtout attirer l'attention de la Société sur certaines formes cliniques de la péritonite tuberculeuse aiguë et sur les résultats favorables que la simple ouverture du ventre est susceptible de procurer dans ces cas. J'ai vu et opéré, chez les enfants, un assez grand nombre de péritonites tuberculeuses, et deux fois je me suis trouvé en présence de faits absolument semblables à ceux que rapporta notre collègue.

La première fois, c'était chez un jeune garçon de six à sept ans, qui était entré à l'hôpital, dans un service de médecine, présentant les signes habituels d'une péritonite aiguë à localisation surtout sous-hépatique. Les accidents étaient survenus après une chute, dans laquelle le flanc droit avait été violemment contusionné par une rampe d'escalier, et lorsque je vis le malade, je pensai à une déchirure hépatique et à une péritonite consécutive. J'émis, dès ce moment, l'opinion qu'une intervention chirurgicale serait nécessaire ; mais

3

la température s'étant abaissée quelque peu, cette intervention fut différée et je ne la pratiquai que dix jours environ après le début de la maladie. L'ouverture du ventre, que je fis sur le bord externe du muscle droit du côté droit, me montra un péritoine viscéral et pariétal couverts d'une quantité infinie de granulations miliaires. J'évacuai un litre de liquide ascitique et, après avoir touché la surface péritonéale malade avec des tampons imbibés de naphtol camphré, je refermai le ventre. Dès le lendemain de mon opération, la température devint et resta normale, et, un mois après, l'enfant était en état de partir en convalescence à Forges. J'ajoute que cette amélioration n'a pas été simplement passagère ; j'ai revu mon petit opéré quatre ans après mon opération, et son état, aussi bien local que général, était absolument satisfaisant.

Le second fait a trait à une grande fille de quatorze ans qui, depuis plusieurs semaines, se trouvait dans le service de M. Grancher, où elle était entrée pour une faiblesse générale extrême et une coloration bronzée de la peau qui avaient fait émettre l'hypothèse d'une maladie d'Addison. Sans raison appréciable, elle fut prise, au mois de novembre 1897, d'une violente douleur du côté droit du ventre, avec vomissements et diarrhée. Rapidement les phénomènes s'aggravèrent, et lorsqu'on me montra l'enfant, le 1er décembre au matin, son facies était grippé, la température était à 39°8, et le pouls était absolument impossible à sentir au niveau des radiales. La pression du ventre était douloureuse, surtout du côté droit : aussi n'hésitai-je pas à porter le diagnostic de péritonite septique généralisée, à point de départ probablement appendiculaire, et à formuler un pronostic des plus sombres. J'intervins immédiatement et je fis dans la fosse iliaque droite l'incision habituelle de l'appendicite. Dès que le péritoine fut ouvert, je reconnus mon erreur. Péritoine pariétal et viscéral étaient, comme chez mon premier malade, couverts de granulations miliaires ; mais à côté de ces lésions récentes et évidemment cause des accidents aigus, il existait des masses caséeuses disséminées, unissant l'épiploon à l'intestin et les anses intestinales entre elles. En divers points, au milieu de ces adhérences, se trouvaient des poches ascitiques que je pus évacuer. Je lavai le ventre à l'eau bouillie, je touchai les masses caséeuses avec le naphtol camphré et je drainai. J'avais, je l'avoue, peu confiance dans les résultats de mon intervention. Contrairement à mon attente, je trouvai le lendemain mon opérée moins mal que la veille. Le pouls, bien que filiforme, pouvait être senti et compté : il n'y avait plus eu de vomissements, la figure était meilleure. Dans les jours qui suivirent, l'amélioration continua, et cinq mois après son opération, ma petite malade pouvait être envoyée à Berck.

Les deux observations rapportées confirmaient pleinement l'opinion émise par notre collègue Lejars sur la valeur de la laparotomie dans le traitement de la tuberculose miliaire limitée au péritoine.

Double kyste hydatique du foie traité par le procédé de M. Delbet,
par M. Bouglé.

(*Bulletins et Mémoires de la Société de Chirurgie*, 1900, p. 69)

Dans mon rapport sur l'observation présentée par M. Bouglé, j'ai insisté sur ce point spécial que l'existence d'un double kyste ne pouvait être en aucune façon considérée comme une contre-indication de l'emploi de la méthode du traitement préconisée par Delbet. Chez son malade, Bouglé avait eu successivement à ouvrir et à traiter deux kystes hydatiques accolés l'un à l'autre ; l'opération fut de ce fait plus longue et plus laborieuse ; elle n'en fut pas moins suivie d'un complet succès.

Complications osseuses de la fièvre typhoïde.

(*La Presse médicale*, 1894, n° 11, p. 84.)

Les complications osseuses de la fièvre typhoïde sont regardées généralement comme bénignes et s'accompagnant exceptionnellement de suppuration et de nécrose. Deux observations personnelles m'ont permis d'attirer l'attention sur une évolution spéciale de certains de ces accidents s'accompagnant de phénomènes généraux et locaux, rappelant, par leur intensité et leur gravité, les formes les plus malignes de l'ostéomyélite infectieuse. J'ai attiré l'attention sur ces complications osseuses graves, surtout au point de vue du traitement. Si, en effet, une incision périostique plus ou moins étendue est le plus souvent suffisante pour mener à guérison les ostéites typhiques superficielles, c'est à la trépanation hâtive et large qu'il faudra recourir, lorsque les accidents revêtiront l'aspect menaçant de l'ostéomyélite infectieuse.

Iritis infectieuse développée au cours d'un rétrécissement de l'urèthre compliqué
d'accidents d'intoxication urineuse.

(*La Presse médicale*, 1893, n° 2, p. 14.)

Cette observation met en relief l'influence de l'infection en général· sur
la production des inflammations iréennes. Elle présente, à ce point de vue,
toute la valeur d'une expérience.

Des conjonctivites pseudo-membraneuses.

(*La Presse médicale*, 1894, n° 10, p. 75.)

Dans cette étude, j'insiste surtout sur l'importance qu'il y a à faire en
pareil cas et aussi promptement que possible un diagnostic bactériologique
complet. Du diagnostic exact découle en effet le traitement, et le salut de l'œil
en est le plus souvent la conséquence.

De la désinfection des culs-de-sac conjonctivaux.

(*La Presse médicale*, 1894, n° 43, p. 342.)

Pour pratiquer aisément la désinfection des culs-de-sac conjonctivaux, j'ai
fait construire deux modèles de canules spéciales dont je donne la description
dans cet article.

Une de ces canules en verre ou en caoutchouc durci peut être, sans aucun
danger mise entre les mains des sages-femmes et des gardes-malades, elle est
appelée à rendre de sérieux services dans les cas d'ophtalmie purulente des
nouveau-nés où les grands lavages conjonctivaux constituent la partie essen-
tielle du traitement.

Ecarteur laveur des paupières.

(*Bulletins et Mémoires de la Société de Chirurgie*, 1895, 17 juillet, p. 546.)

A propos de la présentation par M. Kirmisson d'un écarteur laveur des paupières, j'ai rappelé que j'avais, deux ans auparavant, fait construire un instrument remplissant exactement le même but. La seule différence entre les instruments porte sur ce fait que le bord convexe des écarteurs de M. Kirmisson est percé de trous, tandis que dans mon instrument le bord convexe présente une seule et longue fente qui permet sans obstruction possible le passage d'une grande quantité d'eau.

De la tuberculose atténuée de l'iris.

(*La Presse médicale*, 1894, n° 4, p. 25.)

Je rapporte dans cet article, plusieurs observations de tuberculose atténuée de l'iris et j'insiste sur la marche lente de cette localisation de la diathèse pour recommander une grande prudence dans son traitement. Il est bon, en effet, d'être renseigné sur la tendance évolutive d'une semblable lésion avant de proposer contre elle une opération radicale qui ne tendrait à rien moins qu'à supprimer complètement un organe dont le fonctionnement pourrait très bien n'être pas définitivement compromis.

Thérapeutique oculaire.

(En collaboration avec X. Morax.)

(Octave Doin, éditeur, Paris, 1899, avec 60 figures dans le texte.)

Ce traité de thérapeutique oculaire, publié en collaboration avec le D' Morax, a été écrit dans un but de vulgarisation essentiellement pratique. C'est dire que nous en avons banni toutes les discussions théoriques pour nous adresser surtout aux praticiens et chercher à mettre entre leurs mains le plus grand nombre de procédés des traitements applicables aux cas qu'ils ont le plus souvent à soigner. Nous avons cru devoir nous appesantir au début sur un certain nombre de questions générales, qui rentrent dans le domaine de l'hygiène et qui ont plus spécialement trait à la prévention des maladies contagieuses et à la chirurgie oculaire; nous avons ainsi insisté sur la prophylaxi des affections oculaires contagieuses, l'asepsie et l'antisepsie dans la chirurgie oculaire, l'anesthésie générale ou locale : toutes questions qui, dans les traités de ce genre, sont le plus souvent laissées de côté.

CHIRURGIE INFANTILE

A propos de l'appendicite.

(*La Presse médicale,* 1895, n° 64, p. 384.)

A propos de l'appendicite.

(*La Presse médicale,* 1896, n° 93, p. 311.)

J'ai, dans ces deux mémoires, combattu la théorie du vase clos proposée par M. le professeur Dieulafoy pour expliquer la pathogénie de l'appendicite.

Pièces en mains, j'ai montré que, dans les cas d'appendicite la plus aiguë, l'appendice pouvait conserver toute sa perméabilité, tandis que, dans d'autres cas, où tout accident appendiculaire avait depuis longtemps cessé, on trouvait souvent sur l'appendice, qui avait été autrefois malade, des rétrécissements, des oblitérations, pouvant aboutir même à une véritable transformation kystique. J'en ai conclu, et cette opinion a été plus tard admise à la Société de chirurgie par mes collègues Jalaguier, Broca et Walther, que la transformation de l'appendice en cavité close devait être considérée non comme la cause, mais comme le résultat de l'appendicite.

Lésions histologiques de l'appendicite.
(En collaboration avec M. LETULLE.)

(*La Presse médicale*, 1897, n° 63, p. 57.)

Les lésions histologiques de l'appendicite étaient assez peu connues au moment où parut le travail que je publiai en collaboration avec M. Letulle. A cette époque, des publications retentissantes faisaient découler toute la symptomatologie et toute l'histoire clinique de l'appendicite d'une rétention purulente dans une portion de l'appendice transformée en vase clos. L'étude attentive d'un certain nombre de pièces nous a montré que toute appendicite aiguë n'était, en somme, qu'une complication, qu'une phase de l'appendicite chronique. Toute attaque d'appendicite est précédée d'une inflammation chronique, folliculaire, disséminée sur toute l'étendue de la muqueuse appendiculaire.

Cette question d'histologie pathologique n'a pas un simple intérêt théorique; elle a une grande importance au point de vue de l'intervention. Le chirurgien qui s'en inspirera aura tendance à opérer, non pas au moment d'une crise aiguë, mais durant la période d'accalmie, alors que la lésion, qui paraît silencieuse, prépare le terrain pour des poussées nouvelles.

Appendicite chronique. Résection à froid de l'appendice.

(*La Presse médicale*, 1897, n° 38, p. 208.)

Appendicite chronique. Résection à froid de l'appendice.

(*La Presse médicale*, 1898, n° 27 p. 157.)

Dans deux travaux successifs, j'ai décrit deux variétés distinctes d'appendicite chronique : 1° l'appendicite chronique secondaire, c'est celle qu'on voit succéder aux crises d'appendicite compliquée de lésions péri-appendicu-

laires ; elle est occasionnée par la persistance d'adhérences anormales, de
brides épiploïques ou autres qui donnent lieu quelquefois à des douleurs
persistantes, suffisantes en elles-mêmes pour justifier l'intervention ; 2° l'appendicite chronique d'emblée qui est anatomiquement caractérisée par la
simple hypertrophie folliculaire et qui ne se révèle en clinique que par des
troubles digestifs, quelquefois à peine accentués, et de temps à autre par
l'apparition d'une douleur nettement localisée à la fosse iliaque droite.
L'hypertrophie folliculaire qui constitue en réalité toute la maladie est un
terrain tout préparé aux poussées lymphangitiques qui se révèlent par les
crises aiguës d'appendicite. J'ai insisté à nouveau sur l'importance qu'il y
aurait à diagnostiquer de bonne heure cette forme spéciale d'appendicite
chronique, la résection de l'appendice se trouvant particulièrement indiquée,
et pouvant être, dans ces cas, pratiquée sans aucune espèce de danger.

Appendicite provoquée par un lombric.

(*Bulletins et Mémoires de la Société de Chirurgie de Paris*, 1901, mars, p. 311.)

La pièce présentée à la Société provient d'une résection à froid de l'appendice ; l'opération, pratiquée le 13 mars, fit découvrir un appendice très adhérent
et séparé en deux tronçons. Cet appendice enlevé, je mis à découvert, dans un
foyer, des dimensions d'une noix, tapissé, d'une fausse membrane verdâtre, un
cadavre de lombric. Il me paraît évident qu'au cours de la crise aiguë, l'appendice perforé a dû laisser échapper ce parasite. Ce qui me paraît important à
relever, c'est que la présence de ce lombric macéré n'a pas empêché la réso-
lution d'un abcès péri-appendiculaire important.

Appendicite familiale.

(*Bulletins et Mémoires de la Société de Chirurgie*, 1896, 22 janvier, p. 66.)

J'ai montré à la Société un appendice ileo-cœcal contenant dans son
intérieur trois boulettes de matière fécale. Les lésions de cet appendice ne
s'étaient manifestées que par une crise douloureuse de quelques heures de

durée. Malgré le peu d'intensité des symptômes, nous avions été, mon collègue Faisans et moi, portés à conseiller l'intervention immédiate en considération de ce fait qu'un frère de notre malade avait succombé, 15 mois auparavant, à une péritonite septique d'origine appendiculaire. Il nous paraissait que nous nous trouvions là en présence d'une disposition familiale nettement déterminée.

A l'appui de notre opinion, Routier, Jalaguier, Quenu, Tuffier, Berger, apportèrent des observations analogues et l'appendicite familiale a, depuis cette époque, été considérée comme absolument démontrée.

Pathogénie de l'appendicite.

(*Bulletins et Mémoires de la Société de Chirurgie*, 1898, décembre, pp. 748 et 831.)

Dans la discussion soulevée sur la pathogénie de l'appendicite par un rapport de notre collègue Routier, j'ai reproduit les arguments que j'avais déjà publiés dans *La Presse médicale* du 6 août 1896. Ces arguments étaient nettement opposés à l'opinion formulée par le professeur Dieulafoy, opinion qui ne tendait à rien moins qu'à voir dans l'oblitération de l'appendice, la cause exclusive des accidents appendiculaires J'ai signalé plusieurs observations où, pour expliquer les symptômes infectieux les mieux caractérisés, on ne trouvait que des lésions purement pariétales de l'appendice sans oblitération de la lumière du canal appendiculaire. Nombre de faits semblables ont été, au cours de cette discussion, rapportés, après moi, par mes collègues Walther, Jalaguier, Broca.

Infection septique d'origine appendiculaire.

(*Bulletins et Mémoires de la Société de Chirurgie*, 1900, janvier, p. 69.)

Dans une discussion soulevée par une communication de notre collègue M. Loison, j'ai rapporté plusieurs faits d'infection générale d'origine appendiculaire. Dans un cas, en particulier, il s'agissait d'un malade opéré à froid, trois mois après la crise aiguë et chez lequel l'ablation de l'appendice avait été suivie d'une guérison parfaite pendant deux mois, on vit plus tard survenir une tuméfaction de la paroi costale droite d'un diagnostic difficile et qui fit songer à un cancer ou à de l'actinomycose, la tuméfaction se ramollit peu à peu à son centre, l'incision donna issue à un pus fétide et M. Veillon y trouva les mêmes anaérobies que dans les suppurations péri-appendiculaires. Le malade finit par succomber à une infection générale.

Abcès de la cavité de Retzius par appendicite.

(*La Presse médicale*, 1896, n° 58, p. 341.)

Les abcès péri-appendiculaires peuvent, dans certains cas, siéger dans des points qui paraissent tout d'abord un peu anormaux ; cela tient simplement à la longueur et à la direction variable de l'appendice dont l'extrémité peut plonger dans le bassin ou siéger même dans la fosse iliaque gauche. Dans l'observation qui fait l'objet de ce travail, la pointe de l'appendice avait présenté des adhérences avec le sommet de la vessie et l'abcès appendiculaire qui en avait été la conséquence s'était développé au niveau de la cavité de Retzius.

Sur le traitement de l'appendicite.

(*Bulletins et Mémoires de la Société de Chirurgie*, 1899, février, p. 129.)

J'ai pris part à cette nouvelle discussion sur le traitement de l'appendicite et j'ai exposé la règle de conduite à laquelle je me suis arrêté. J'ai dit qu'il ne saurait y avoir une seule manière de faire applicable indistinctement à tous les cas quelle que soit leur gravité et j'ai conseillé l'intervention immédiate dans les péritonites septiques, le traitement médical par le repos, la diète et l'opium, toutes les fois que l'appendicite se présentait avec des tendances résolutives. J'ai déclaré toutefois que cette temporisation ne devait être prolongée que si une amélioration évidente était, dans les 24 ou les 48 heures au plus, le résultat du traitement employé.

Discussion sur l'appendicite.

(*Bulletins et Mémoires de la Société de Chirurgie*, 1895, juillet, p. 528.)

Dans cette discussion, j'ai mentionné 19 cas d'appendicite recueillis depuis un an environ et qui me paraissaient plaider en faveur de l'intervention chirurgicale aussi précoce que possible. J'ai insisté, déjà à cette époque, sur l'intérêt qu'il y avait à pratiquer une opération aussi complète que possible et à enlever l'appendice ; j'ai montré que la recherche de ce dernier permet souvent l'ouverture de foyers purulents secondaires, foyers qui, sans cette recherche spéciale, auraient passé presque fatalement inaperçus.

J'ai indiqué comme siège de prédilection de ces foyers secondaires la partie la plus interne et la plus inférieure de la région cœcale, en arrière du muscle droit au voisinage de la vessie et j'ai insisté sur ce fait que, dans toute opération d'appendicite enkystée, il était prudent de se préoccuper de l'existence de ce foyer si on ne voulait pas s'exposer à faire une opération incomplète.

Traitement de l'appendicite aiguë.

(*Bulletins et Mémoires de la Société de Chirurgie*, 1898, p. 745.)

J'ai surtout envisagé dans cette communication la question de savoir s'il y avait intérêt à rechercher l'appendice dans les abcès péri-appendiculaires : j'ai conclu que cette recherche devait être poursuivie toutes les fois qu'il était possible de le faire sans aggraver la situation du malade.

J'ai pu, en effet, citer trois observations d'enfants qui, opérés au moment d'une crise aiguë par la simple ouverture de l'abcès, ont dû subir plus tard l'appendicectomie, deux pour fistule persistante, l'autre pour apparition de plusieurs crises inquiétantes.

Article « APPENDICITE » du Traité des Maladies de l'enfance.
Tome III, p. 105.

(Paris, G. Masson et Cie, éditeur.)

L'important article que j'ai consacré, dans le Traité des Maladies de l'enfance, à l'histoire de l'appendicite, a été exclusivement écrit à l'aide de documents personnels ; c'est en quelque sorte l'exposé complet des opinions que je professe sur un sujet de pathologie infantile dont j'ai, depuis six ans, continuellement des exemples sous les yeux.

Je me suis dans cet article attaché surtout à mettre en lumière les lésions anatomiques et les formes cliniques de l'appendicite. Pour mieux faire connaitre les premières, je me suis appuyé sur une description minutieuse des appendices enlevés par moi-même aux différentes périodes de la maladie, et les dessins nombreux, dont j'ai illustré le texte de mon article, ont été, depuis lors, reproduits par tous les auteurs qui se sont occupés de la question. Les lésions histologiques de l'appendicite ont été exposées en détail d'après les préparations faites par mon collègue et ami Letulle sur des pièces que je lui avais confiées et j'ai eu la bonne fortune d'insérer dans cette monographie le résultat important des recherches bactériologiques faites à mon instigation par MM. Veillon et Zuber, recherches qui, les premières, ont bien mis en lumière le rôle joué, dans la pathogénie de l'appendicite, par les microbes anaérobies.

Dans les pages consacrées à l'étude clinique de l'appendicite, j'ai cherché surtout à bien montrer combien cette affection était variable dans son évolution et dans sa gravité, et j'ai insisté sur la nécessité qu'il y avait à bien connaître ses différentes formes, pour pouvoir se guider dans le choix d'une thérapeutique rationnelle. J'ai constaté vivement l'opinion quelquefois émise que le diagnostic de ces formes diverses était absolument impossible, et j'ai au contraire donné les moyens de l'établir dans la majorité des cas. J'ai enfin conclu que toute la thérapeutique de l'appendicite ne devait pas être contenue en une formule unique, l'intervention chirurgicale, et j'ai nettement différencié les cas, où l'opération immédiate me paraissait non seulement indiquée mais absolument urgente, de ceux très nombreux qui me paraissaient au contraire justiciables d'un traitement médical soigneusement dirigé. Dès cette époque, je me suis prononcé nettement en faveur de l'excision de l'appendice, pratiquée à froid chez tout enfant ayant manifestement présenté les signes d'une seule crise d'appendicite. Combattue alors par la presque unanimité de mes collègues, qui, pour intervenir, conseillaient d'attendre deux ou trois crises successives, mon opinion est aujourd'hui universellement acceptée.

Présentation de pièces qui viennent à l'appui de la théorie du bec-de-lièvre admise par Albrecht.

(*Bulletins et Mémoires de la Société de Chirurgie de Paris*, 1887, p. 480.)

Ces pièces venaient à l'appui de l'opinion soutenue par Albrecht sur le siège exact de la division alvéolaire dans le bec-de-lièvre compliqué. La division passait, en effet, dans ces cas, entre deux incisives et non comme on avait alors tendance à l'admettre entre l'incisive latérale et la canine.

Un cas d'hémimélie.

(En collaboration avec M. CHAILLOUS.)

(*La Presse médicale*, 1896, n° 68, p. 413.)

Les cas d'hémimélie ne sont pas absolument exceptionnels ; mais, lorsque les membres incomplets présentent des excroissances, celles-ci ne sont constituées en général que par des tubercules cutanés très courts, sans squelette, sans éléments anatomiques distincts. Il en était ainsi dans les cas rapportés par Isidore Geoffroy Saint-Hilaire ; et dans le cas, rapporté par Variot, d'un enfant ayant eu un avant-bras amputé à l'union du tiers supérieur et des deux tiers inférieurs ; à l'extrémité du moignon se trouvaient deux petits tubercules pédiculés, gros comme une lentille, accompagnés de deux autres saillies plus petites ; dans ces tubercules, on ne put constater ni nodule osseux, ni nodule cartilagineux, ni rudiment quelconque de squelette. L'examen microscopique fit voir du tissu fibreux, des prolongements papillaires plus volumineux que ceux de la pulpe des doigts, un revêtement épidermique normal ; il n'y avait pas de corpuscules de Meissner au niveau des grandes papilles.

Larcher prétend que, quelquefois, les rudiments de doigts peuvent être mobiles, contenir des muscles et même des phalanges ; mais les observations ne doivent pas être fréquentes, car nous n'en avons pas trouvé de concluante.

La présence d'éléments anatomiques, absolument différenciés et bien développés dans le rudiment de pied que nous avons disséqué, donne donc, à notre observation, un intérêt particulier.

Il semble, en effet, qu'elle soit de nature à faire rejeter l'hypothèse formulée à différentes reprises par Mathias Duval, au sujet de la pathogénie de cette malformation. Pour le savant professeur de la Faculté, l'état décrit sous le nom d'hémimélie ne correspond à aucune phase embryologique, à aucun stade de développement; il s'agit simplement, pour lui, d'une amputation congénitale, et il faut, pour expliquer que le moignon représentant la base du membre puisse porter des extrémités digitales rudimentaires, invoquer une propriété particulière des organes embryonnaires, la régénération. « Cette propriété de repousser, dit-il, qui peut se manifester chez l'embryon humain est normale dans le premier état des Batraciens anoures avant leur métamorphose : chez le têtard, la queue repousse en effet, tandis que chez la grenouille adulte la patte amputée ne repousse pas. Mais, chez divers animaux à sang froid, cette propriété persiste même à l'âge adulte, témoin les expériences bien connues de Spallanzani et de Bonnet sur la salamandre. Il suffit donc d'admettre que l'embryon des animaux à sang chaud est assimilable à un animal à sang froid ; c'est la conclusion à laquelle arrivent aujourd'hui tous les embryologistes. »

Que l'on admette l'hypothèse d'une amputation congénitale avec bourgeonnement consécutif à la cicatrisation, dans les cas où l'appendice terminal n'est représenté que par des bourgeons informes et purement cutanés, rien de plus naturel. Mais peut-on soutenir la même opinion en présence d'organes aussi nettement différenciés que ceux que nous avons fait représenter ci-contre ? Le cas que nous avons publié a permis de remettre cette question en discussion devant la science.

Dilatation congénitale des voies biliaires. Cholécystentérostomie.

(Bulletins et Mémoires de la Société de Chirurgie, 1891, mars, p. 207.)

J'avais eu à soigner une fillette chez laquelle j'avais d'abord porté le diagnostic de kyste hydatique du foie ; en réalité, il s'agissait d'une tumeur liquide contenant un litre et demi d'un liquide vert foncé, tout à fait analogue à de la bile. Cette ouverture ayant été suivie de l'établissement d'une fistule biliaire, il me parut que, pour obtenir l'oblitération de cette dernière, le seul procédé était d'aboucher 'la poche sécrétant la bile dans l'intestin grêle. L'intervention fut suivie d'un résultat parfait.

Coxa-vara.

(*Bulletins et Mémoires de la Société de Chirurgie*, 1898, mai, p. 561.)

Un cas de coxa-vara avec une planche radiographique.

(*Revue d'orthopédie*, tome IX, p. 425.)

Cette observation emprunte son intérêt à l'examen radiographique qui l'accompagne et qui montre avec la plus grande netteté les lésions caractéristiques de la coxa-vara.

Un nouveau cas de coxa-vara.

(*Bulletins et Mémoires de la Société de Chirurgie*, 1899, janvier p. 33.)

Dans ce cas il s'agissait, d'un enfant de huit ans qui présentait les apparences d'une luxation congénitale et chez lequel la radiographie nous fit découvrir une incurvation anormale du col fémoral du côté droit. Comme chez cet enfant un examen approfondi faisait découvrir une très légère incurvation des tibias et un léger renflement en chapelet des articulations chondro-costales, il y avait lieu de penser à un cas de coxa-vara d'origine rachitique.

Toutefois, les troubles fonctionnels et l'atrophie musculaire ne remontant qu'à quatre mois, il fallait admettre ici l'hypothèse d'une poussée tardive de rachitisme localisé sur le col du fémur et non pas, comme cela a pu être soutenu dans bien des cas, une déformation ancienne et contemporaine des lésions rachitiques de la première enfance.

Les recherches que j'ai faites à cette époque ne m'ont permis de retrouver qu'une observation semblable.

Du redressement brusque de la gibbosité dans le mal de Pott.

(Bulletins et Mémoires de la Société de Chirurgie, 1897, mai p.365.)

Au cours d'une discussion soulevée par une communication de Ménard, j'ai rapporté le résultat d'une expérience cadavérique faite sur un enfant mort dans mon service, où il était hospitalisé depuis plusieurs années pour un mal de Pott avec gibbosité très accentuée. L'autopsie, faite après le redressement brusque de la gibbosité, a montré que ce redressement avait été suivi de la formation d'une cavité de 8 à 10 centimètres de hauteur, au fond de laquelle la moelle et les méninges étaient restées parfaitement intactes. Tout en insistant sur ce fait que cette expérience ne m'encourageait guère à tenter le redressement brusque dans les cas anciens, j'ai pensé toutefois que cette méthode pouvait trouver des indications dans les cas récents.

Péritonite à pneumocoques chez l'enfant.

(La Presse médicale, 1896, n° 6, p. 33.)

Péritonite à pneumocoques chez l'enfant.

(La Presse médicale, 1897, n° 17, p. 89.)

J'ai réuni dans ces deux publications, 14 observations de péritonite à pneumocoques de l'enfance dont cinq personnelles. De l'analyse de ces différents faits, j'ai tiré les caractères particuliers de cette affection et la description que j'en ai donnée a été depuis lors reproduite par tous les auteurs et en particulier par le professeur Dieulafoy qui, à propos d'un fait personnel, a publié sur ce sujet une de ses plus intéressantes cliniques. J'ai insisté, au point de vue anatomo-pathologique, sur l'enkystement habituel des lésions péritonéales et sur leur siège ordinaire dans la portion sous-ombilicale de l'abdomen.

Cliniquement j'ai cherché à mettre surtout en relief l'évolution en deux temps de cette affection, l'orage péritonéal s'apaisant le plus souvent au bout de quelques jours pour laisser à sa suite les signes d'une collection purulente généralement volumineuse et tendant, assez souvent, à se faire jour à l'extérieur principalement au niveau de la cicatrice ombilicale. J'ai insisté enfin sur le pro-

5

nostic relativement favorable de cette forme spéciale de péritonite, sur sa fréquence presque exclusive chez les enfants du sexe féminin et surtout sur les résultats heureux qu'on est en droit d'attendre, dans ces cas, d'une laparotomie pratiquée en temps opportun.

Traitement de la coxalgie.

(*Bulletin et Mémoires de la Société de Chirurgie*, 1897, juin p. 418.)

J'exposai, dans cette discussion, ma méthode habituelle du traitement de la coxalgie chez l'enfant.

Au point de vue de la coxalgie sans abcès, d'après ce que j'ai vu depuis trois ans que je soigne des coxalgiques à l'hôpital des Enfants-Malades, je suis partisan de l'immobilisation à l'aide d'un grand appareil plâtré. Je ne conserve l'extension continue que dans les cas où il existe de la douleur : chez un enfant qui souffre de sa hanche, la traction exercée par un poids de deux à trois kilogrammes est en effet souveraine. En dehors de ces cas, j'ai toujours recours à l'appareil plâtré, et je ne crois pas qu'il favorise le développement des abcès comme on l'a prétendu, c'est le contraire plutôt que j'aurais observé. Une fois l'appareil mis, je fais adapter au pied sain une bottine à semelle et à talon élevés, et mon petit malade marche avec des béquilles sans s'appuyer sur le membre malade. Je puis ainsi soigner beaucoup plus d'enfants que je ne pourrais le faire si je les immobilisais dans le lit. La gouttière de Bonnet et même l'appareil à extension continue dans les mains de parents négligents donnent parfois des résultats déplorables, ils laissent les déformations se produire ou s'exagérer.

Quand un enfant m'est amené avec une hanche déformée en flexion, adduction et rotation interne, je le redresse après anesthésie pour pouvoir l'immobiliser dans une bonne position. Je ne suis pas arrêté le moins du monde par la pensée des auto-inoculations tuberculeuses. Si, depuis trois ans, j'ai vu un enfant mourir de méningite trois semaines après un redressement brusque de la hanche, j'ai pu, par contre, recueillir cinq observations d'enfants présentant des tuberculoses chirurgicales auxquelles on n'a pas touché, et qui sont cependant morts aussi de méningite. Un de ces enfants présentait une adénite cervicale que je croyais justiciable d'une intervention chirurgicale ; les parents s'opposèrent à toute intervention, et l'enfant cependant succomba peu de temps, après à une méningite. Une fillette m'avait été présentée pour une coxalgie qui me paraissait nécessiter un redressement sous chloroforme; à un second examen, je vis que le membre inférieur était trop peu dévié et que le redressement était inutile; je me contentai d'appliquer simplement un appareil plâtré. L'enfant partit pour le Havre, où elle succomba à des accidents méningitiques. Mes autres observations sont analogues : intervention proposée et non pratiquée pour un motif quelconque, mort, au bout de quelques semaines de méningite. C'est qu'en effet, la méningite est la fin de la plupart de nos malheureux chroniques qui ont des fistules intarrissables auxquelles on ne touche pas. Pour pouvoir affirmer que le redressement occasionne des auto-intoxications tuberculeuses, il faudrait s'appuyer sur un plus grand nombre de faits. Aussi, je le répète, je n'hésite pas à pratiquer le redressement brusque de la hanche.

Comme tout le monde, je traite les abcès de la coxalgie par les injections modificatrices; la glycérine iodoformée me paraît irritante, j'emploie plus volontiers le naphtol camphré sans attacher, du reste, grande importance à la nature du liquide injecté. Dans aucun cas, je ne m'acharne à répéter ces injections, jamais je ne vais jusqu'à huit ou dix injections dans le même abcès. En présence d'un abcès qui se renouvelle après une ou deux ponctions, je n'hésite nullement à employer le bistouri; j'ouvre largement, je racle à la curette les parois de la poche et je panse à plat.

Pour ce qui est du curettage intégral de l'articulation, je le crois le plus souvent impraticable : il restera toujours des produits tuberculeux au niveau du cotyle, par exemple, que n'atteindra pas la curette. Les premiers temps après l'opération, on est enchanté, la plaie s'est fermée par première intention, mais bientôt on voit s'établir sournoisement une fistule qui persiste. De plus en plus j'abandonne la résection de la hanche ; j'ai recours de préférence aux petits moyens : curettage des fongosités, injections modificatrices.

La maladie de Riga.

(*La Presse médicale*, 1895, n° 4, p. 25.)

C'est le premier exemple de cette affection publiée en France, alors que les cas de ce genre s'observent en Italie avec une particulière fréquence. L'examen

histologique qui accompagne mon observation est, en tous points, comparable
à ceux qui ont été publiés en Italie.

Hématome] sous-périosté chez les rachitiques. Maladie de Möller-Barlow.
(En collaboration avec J. RENAULT.)

(La Presse médicale, 1898, n° 4, p. 19.)

Dans ce mémoire, nous avons insisté principalement sur la fréquence
relative de cette singulière affection chez les enfants rachitiques. D'après deux
observations personnelles accompagnées de radiographies, il nous a paru que
l'hématome sous-périosté était dû, le plus souvent, à une fracture.

Tumeurs malignes du rein chez les enfants.

(La Presse médicale, 1898, n° 17, p. 97.)

J'ai étudié surtout dans ce travail les indications de l'intervention chirurgicale dans les tumeurs malignes du rein chez l'enfant.

Tout en concluant à la nécessité de l'intervention surtout lorsqu'elle peut
être précoce, j'ai cependant été obligé de convenir que cette intervention était,
dans le plus grand nombre des cas, inefficace en raison du chiffre élevé de la
mortalité opératoire et surtout de l'extrême fréquence des récidives rapides.

Calcul vésical chez l'enfant. Radiographie.

(La Presse médicale, 1898, n° 23, p. 133.)

Cette observation est la première dans laquelle ait été obtenue la repro-
duction radiographique d'un calcul intra-vésical. Elle a, depuis, été reproduite
par tous ceux qui se sont occupés de la question.

J'ai, à son propos, exposé les raisons qui peuvent en pareil cas rendre
plus ou moins concluantes les preuves radiographiques et insisté sur le plus ou
moins de tendance que, suivant leur composition chimique, les calculs vésicaux
présentent à se laisser traverser par les rayons X.

Ectopie testiculaire et hernie inguinale congénitale.

(La Presse médicale, 1894, n° 2, p. 13.)

J'ai eu surtout en vue de fixer la conduite à tenir en présence d'une hernie inguinale compliquée d'ectopie testiculaire.

J'ai conclu à la nécessité de faire tout d'abord la cure radicale de la hernie par résection du canal vagino-péritonéal et suture des piliers et de tenter ensuite la fixation du testicule au fond du sac testiculaire.

Pseudo-corps étranger de l'articulation du genou; lipome sous-synovial.

(Bulletins et Mémoires de la Société de Chirurgie de Paris' 1900, mars, p. 281.)

A propos d'une communication de mon collègue Jalaguier, j'ai rapporté l'histoire d'une jeune fille qui, depuis cinq ans, présentait le syndrome classique des corps étrangers du genou; l'ouverture large du genou me fit découvrir une grosse frange synoviale remplie de graisse et constituant une sorte de lipome intra-articulaire; j'excisai toute la portion exubérante de la synoviale et suturai avec soin la synoviale, le ligament rotulien et la peau; le résultat fut excellent.

Luxation irréductible de la rotule.

(Bulletins et Mémoires de la Société de Chirurgie, 1896, mars, p. 237.)

Le malade qui fit l'objet de cette présentation était atteint depuis 4 ans d'une luxation irréductible de la rotule d'origine traumatique. Au début, cette luxation avait revêtu les allures d'une luxation récidivante, mais elle s'était promptement fixée et l'irréductibilité était devenue absolument complète. Pour remédier à cette infirmité, je pratiquai l'intervention suivante : je découvris l'articulation à l'aide d'une incision courbe à concavité supérieure. La capsule fibreuse ainsi mise à nu, je sectionnai sa partie externe épaissie et retractée ; je ne pus obtenir la réduction facile et complète qu'après ouverture de l'articulation. Pour maintenir la réduction obtenue, j'excisai une partie de la capsule articulaire en dedans, où elle présentait du reste une minceur tout à fait anormale, et je suturai à la soie les deux lèvres de cette excision. Les suites de l'opération furent des plus simples et, huit mois après mon intervention, le résultat se maintenait absolument parfait. La rotule occupait sa situation normale et la marche s'effectuait sans difficulté et sans fatigue.

Kyste ovarique à pédicule tordu.

(*Bulletins et Mémoires de la Société de Chirurgie*, 1897, mars, p. 230.)

J'ai présenté à mes collègues un kyste ovarique à pédicule tordu que j'avais enlevé le matin même. L'intérêt de cette observation consistait dans ce fait que la jeune fille opérée m'avait été envoyée comme atteinte d'appendicite et que c'était la seconde fois à six mois d'intervalle que j'observais un fait semblable.

Sur la Claudication.
(Conférence de J. SIMON à l'hôpital des Enfants-Malades, recueillie par F. BRUN.)

(*Gazette médicale de Paris*, 1880, 8 mai, n° 19, p. 243 et 254.)

Etude séméiologique où se trouvent passées en revue les diverses maladies de l'enfance qui se traduisent par la claudication. On comprendra l'intérêt qui s'attache à cette étude en réfléchissant que la boiterie est pendant longtemps le seul signe par lequel se manifestent chez l'enfant les maladies les plus diverses, coxalgie, mal de Pott, paralysie infantile, etc., etc.

Sur le traitement des luxations congénitales de la hanche.

(*Bulletins et Mémoires de la Société de Chirurgie*, 1899, mars, p. 269.)

A cette séance j'ai présenté cinq épreuves radiographiques se rapportant à cinq cas de luxation congénitale dont deux bilatérales. Chez ces cinq malades

une première photographie montre la luxation avant toute tentative de traitement ; une seconde, au contraire indique le résultat des manœuvres de réduction. Or, sur ces cinq malades on peut voir que la tête fémorale se trouve
abaissée à sa place normale et correspond exactement au cartilage en Y qui
constitue le fond du cotyle. Tout en reconnaissant que ces observations auraient
besoin d'être poursuivies pendant longtemps encore, les radiographies n'en
démontrent pas moins la possibilité d'obtenir chez les sujets jeunes et d'une
façon presque constante la réduction de la luxation congénitale.

*Résultat définitif de la réduction non sanglante de la luxation congénitale
de la hanche.*

(*Bulletins et Mémoires de la Société de Chirurgie de Paris*, 1900, juillet, p. 853.)

D'une expérience de trois années pendant lesquelles j'ai pratiqué plus de
25 réductions non sanglantes de luxation congénitale de la hanche, je crois
pouvoir conclure : 1° que dans certaines conditions d'âge et en opérant surtout
chez des enfants, entre trois et six ans, la réduction est presque toujours
possible à obtenir ; 2° que dans certaines conditions de traitement consécutif
et en particulier d'immobilisation, il est presque toujours possible de trans-
former une réduction tout d'abord instable en une réduction fixe et définitive.
Je pense en d'autres termes que si tant de réductions se sont, au cours du traitement, transformées en transpositions, c'est que l'immobilisation consécutive
à la réduction avait été dans ces cas insuffisante. A l'appui de cette manière de
voir, j'ai présenté deux malades chez lesquelles la radiographie démontrait la
réduction parfaite et qui, au point de vue fonctionnel, étaient irréprochables.

De la réduction non sanglante des luxations congénitales de la hanche
(En collaboration avec Ducroquet.)

(*La Presse médicale*, 1900, n° 60, p. 47.)

Le traitement des luxations congénitales de la hanche, a, de tout temps,
découragé les chirurgiens d'enfants. Tout le monde connaît les tentatives de

Pravaz et l'appréciation un peu sévère que Bouvier porta sur elles ; leur échec entraîna pendant longtemps l'abandon de toute nouvelle recherche et les malheureuses fillettes, affectées de ce vice de conformation, étaient abandonnées aux soins, le plus souvent illusoires, des fabricants d'appareils et de ceintures.

La réduction sanglante, proposée par Hoffa et heureusement modifiée par Lorenz dans son manuel opératoire, donna tout d'abord quelques succès, mais elle ne fut pas généralement adoptée en raison de l'incertitude de ses résultats et surtout des dangers de mort qu'elle comportait.

La réduction non sanglante (Paci-Lorenz) parut au contraire susceptible d'être recommandée, mais ses résultats étaient encore dernièrement chez nous généralement discutés.

Après avoir vu opérer Lorenz et avoir obtenu comme lui un certain nombre de succès, je fus amené à penser que si, après une réduction qui paraissait tout d'abord parfaite, le résultat définitif était cependant quelquefois incomplet ; cette imperfection devait être attribuée, non pas à une insuffisance de la réduction mais à une insuffisance de contention de l'articulation reconstituée. Pour vérifier l'exactitude de cette hypothèse, il importait de pratiquer la radiographie des bassins à chaque période du traitement et de voir quelle influence pouvait avoir une immobilisation complète, sur le maintien de la tête fémorale dans la cavité cotyloïde préalablement inoccupée.

Le mémoire que j'ai publié dans la *Presse médicale* reproduit précisément les observations qui ont servi de base à mon étude. On y trouve les reproductions radiographiques de dix malades dont le traitement pouvait être considéré comme terminé, et, de l'étude de ces observations, il m'a été possible de conclure « à la possibilité d'obtenir presque à coup sûr la réduction de la luxation congénitale de la hanche à la condition toutefois de procéder à la réduction dans certaines conditions d'âge nettement déterminées et de faire suivre la réduction d'une immobilisation complète s'étendant au genou ».

J'ai pu en outre présenter à mes collègues de la Société de Chirurgie quelques-unes des fillettes dont l'histoire était publiée dans ce mémoire et les rendre juges de l'excellence du résultat fonctionnel obtenu dans ces cas.

PARIS. — IMPRIMERIE F. LEVÉ, RUE CASSETTE, 17.

www.ingramcontent.com/pod-product-compliance
Lightning Source LLC
Chambersburg PA
CBHW071756200326
41520CB00013BA/3273